儿童趣味百科

英国数学真简单团队/编著　华云鹏 刘舒宁/译

DK儿童数学分级阅读 第四辑

图表和测量

数学真简单！

电子工业出版社.

Publishing House of Electronics Industry

北京·BEIJING

Original Title: Maths—No Problem! Measuring, Ages 8–9 (Key Stage 2)
Copyright © Maths—No Problem!, 2022
A Penguin Random House Company

本书中文简体版专有出版权由Dorling Kindersley Limited授予电子工业出版社，未经许可，不得以任何方式复制或抄袭本书的任何部分。

版权贸易合同登记号　图字：01-2024-1631

图书在版编目（CIP）数据

DK儿童数学分级阅读. 第四辑. 图表和测量 / 英国数学真简单团队编著；华云鹏，刘舒宁译. --北京：电子工业出版社，2024.5
ISBN 978-7-121-47749-2

Ⅰ. ①D…　Ⅱ. ①英…　②华…　③刘…　Ⅲ. ①数学—儿童读物　Ⅳ. ①O1-49

中国国家版本馆CIP数据核字（2024）第082175号

出版社感谢以下作者和顾问：Andy Psarianos, Judy Hornigold, Adam Gifford和Anne Hermanson博士。
已获Colophon Foundry的许可使用Castledown字体。

责任编辑：苏　琪　文字编辑：高　菲
印　　刷：鸿博昊天科技有限公司
装　　订：鸿博昊天科技有限公司
出版发行：电子工业出版社
　　　　　北京市海淀区万寿路173信箱　　邮编：100036
开　　本：889×1194　1/16　印张：18　字数：303千字
版　　次：2024年5月第1版
印　　次：2024年11月第2次印刷
定　　价：128.00元（全6册）

凡所购买电子工业出版社图书有缺损问题，请向购买书店调换。若书店售缺，请与本社发行部联系，联系及邮购电话：（010）88254888，88258888。
质量投诉请发邮件至zlts@phei.com.cn，盗版侵权举报请发邮件至dbqq@phei.com.cn。
本书咨询联系方式：（010）88254161转1868，suq@phei.com.cn。

www.dk.com

目 录

鲁比　　艾略特　　阿米拉　　查尔斯　　露露　　萨姆　　奥克　　霍莉　　拉维　　艾玛　　雅各布　　汉娜

象形统计图的认识和绘制

准 备

以下象形统计图表示4班学生最喜欢的运动。每名学生选择一项运动。

从这个表格中你能得出什么信息？

4班学生最喜欢的运动

篮球	排球	板球	网球	足球

每个球代表喜欢这项球类运动的一名学生。

举 例

4班有34名学生。

最受欢迎的运动是足球。

10名学生选择足球作为他们最喜欢的运动。

最不受欢迎的运动是篮球。

只有4名学生选择篮球作为他们最喜欢的运动。

选择足球的学生比选择篮球的学生多6人。

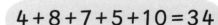

$4+8+7+5+10=34$

$10-4=6$

下图表示二年级学生最喜欢的冰激凌口味。

最喜欢的冰激凌口味

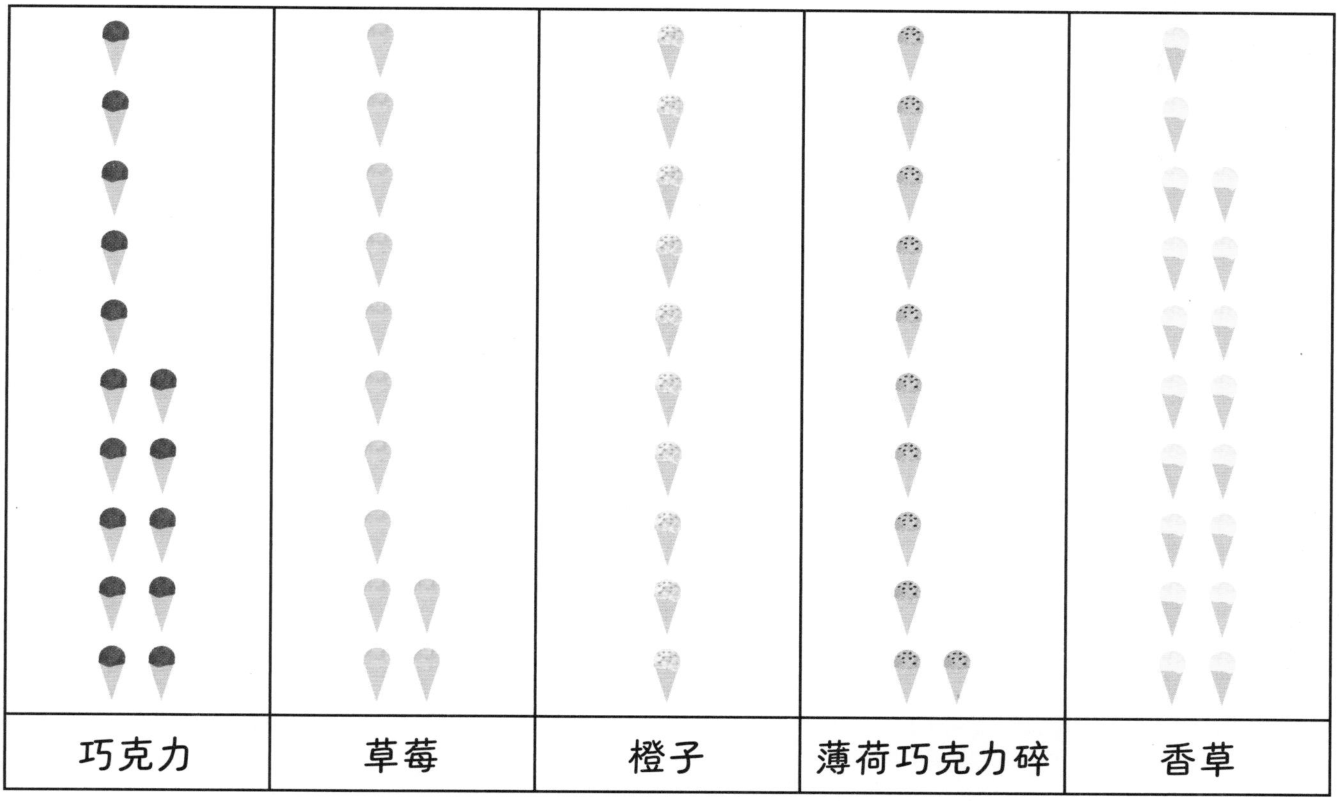

巧克力	草莓	橙子	薄荷巧克力碎	香草

每个甜筒代表喜欢此口味的一名学生。

1 把冰激凌口味按受欢迎程度由低到高排序。

—————— ， —————— ， —————— ， —————— ， ——————

2 填一填。

(1) 选择巧克力冰激凌的学生比选择草莓冰激凌的学生多 _____ 个。

(2) 选择 _____ 冰激凌的学生比选择 _____ 冰激凌的学生少2个。

象形统计图的认识和绘制

准 备

这个表格表示四年级学生最喜欢的宠物。如何用统计图来表示这些信息？

四年级学生最喜欢的宠物

宠物	狗	鱼	猫	兔子	仓鼠
学生数量	36	12	58	34	24

举 例

这是条形统计图。

条形统计图能直观地表示数据的多少。

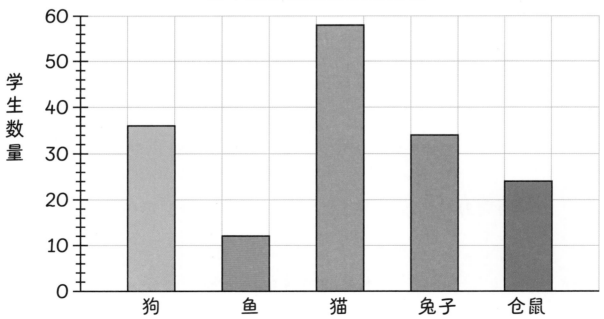

四年级学生最喜欢的宠物

条形统计图可以表示这些信息。

1 一群小朋友被问到他们最喜欢吃的食物，表格里是他们的回答。

最喜欢的食物

食物	汉堡和薯条	烤鸡	火腿沙拉	比萨	鱼饼
人数	26	18	12	34	22

最喜欢的食物

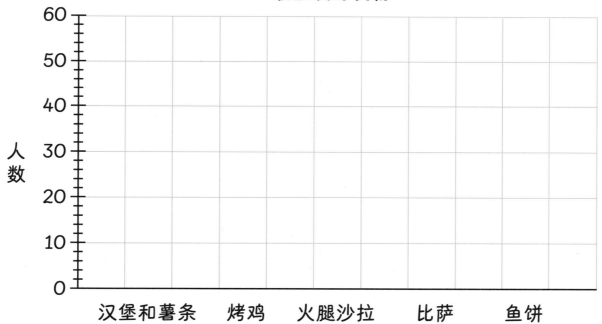

根据表格中的信息补全条形统计图。

对于这些小朋友来说，_____ 是最受欢迎的食物，

_____ 是最不受欢迎的食物。

折线统计图的认识

准 备

查尔斯记录了学校操场一天中不同时间的温度。

时间	09:00	10:00	11:00	12:00	13:00	14:00	15:00	16:00
℃	15	16	18	20	23	25	25	22

如何用统计图来表示这些信息？

举 例

这叫折线统计图。

折线统计图能直观地表示数据的增减变化情况。

学校操场的温度

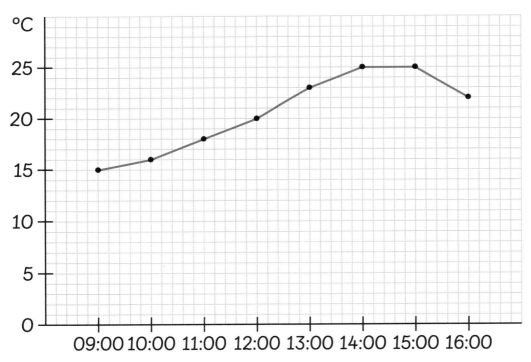

我能看出温度最高的时刻及温度变化的快慢。

折线统计图可以表示很多信息。

这张折线统计图表示伦敦的月平均降水量。

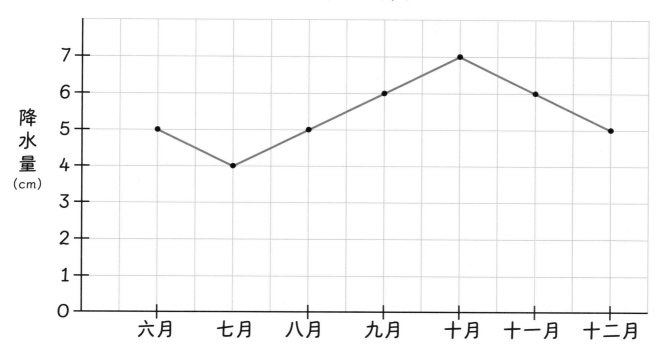

伦敦7个月的降水量

1 哪个月降水量最多？

2 哪个月降水量最少？

3 平均降雨量为5厘米的月份有几个？ ☐ 个

4 从七月到九月平均降水量增加了多少厘米？ ☐ 厘米

5 从十月到十二月平均降水量减少了多少厘米？ ☐ 厘米

6 在这7个月中，☐ 和 ☐ 的降水量均为6厘米。

折线统计图的绘制

准 备

奥克正在研究游泳门票价格上涨情况的课题，她做了这张表格来体现过去6年里游泳馆门票的价格变化。

年份	门票价格
2014	¥3.00
2015	¥3.60
2016	¥4.20
2017	¥5.00
2018	¥6.40
2019	¥8.00

奥克可以用什么类型的统计图来体现这些信息呢？

举 例

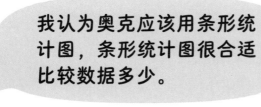

我认为奥克应该用条形统计图，条形统计图很合适比较数据多少。

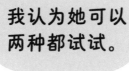

我认为她可以两种都试试。

折线统计图更适合，因为她想表示价格变化的快慢情况。

在条形统计图中可以看出每年的价格，很容易比较数据。

2014—2019年游泳馆的票价

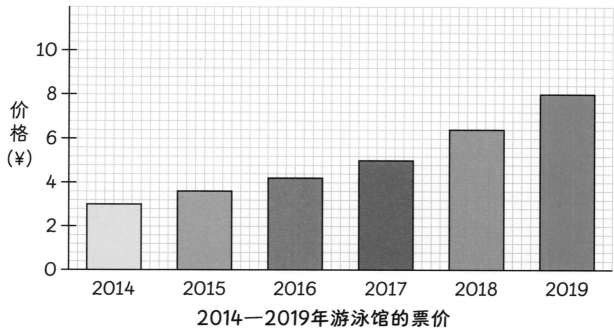

2014—2019年游泳馆的票价

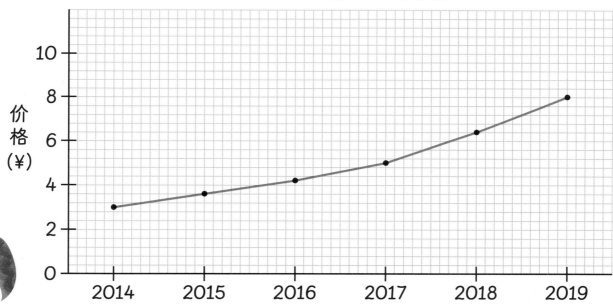

折线统计图能直观地体现价格变化的快慢。

当我们用折线统计图来表示价格随时间的变化时，也可以称之为时间折线图。

奥克可以用折线统计图研究课题。

1 下方表格表示过去8个月英国一个度假小屋的价格。

根据表格信息绘制折线统计图。

月份	4月	5月	6月	7月	8月	9月	10月	11月
价格	£65	£75	£90	£110	£135	£95	£90	£75

度假小屋的价格

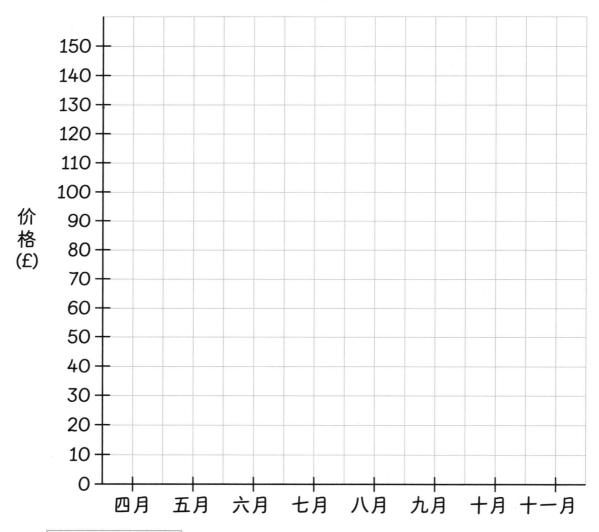

(1) _____ 是价格最高的月份。

(2) 从 _____ 到 _____ 价格涨幅最大。

(3) 最低价格和最高价格之间相差 ☐ 英镑。

(4) 价格相差最大的是 ☐ 月和 ☐ 月。

❷ 这张表格表示所给年份英镑对加拿大元的平均汇率。当英镑对加拿大元的汇率为1.67时，意味着1英镑相当于1.67加拿大元。

年份	2017	2018	2019	2020
汇率	1.67	1.73	1.69	1.72

根据表中信息画出折线统计图。

1英镑相当于

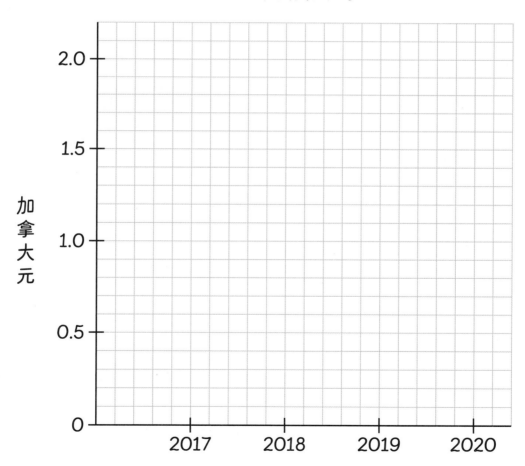

24时计时法

准 备

艾玛18:00要去看电影。18:00表示的是几点呢？

举 例

钟表最多只能指到12。

18:00

钟表上显示18:00，代表这是个24小时制钟表。

午夜	上午6:00	中午	下午6:00	午夜
00:00	06:00	12:00	18:00	00:00

18:00是24小时制，代表下午6点。

使用24小时制钟表时，下午6点写为18:00。

在24小时制钟表上，早上6点显示为06:00，下午6点显示为18:00。

1 完成表格。

12小时制钟表	24小时制钟表
下午1:00	
	14:30
下午3:15	
	18:45
上午5:20	
中午12:00	
下午11:30	
	00:00

2 这是一张从伦敦桥火车站到布莱顿的火车时刻表。

始发：伦敦		终点：布莱顿
火车	出发	到达
A次列车	15:15	16:17
B次列车	15:45	16:47
C次列车	16:05	17:13

(1) 阿米拉想在下午4:30到下午5:00之间到达布莱顿。

她应该坐哪趟车？

(2) 15:45出发的火车到达布莱顿要多长时间？

分钟和秒的换算

准 备

霍莉跳绳跳了5分半钟，5分半钟有多少秒？

举 例

用60乘5来计算5分钟有多少秒。

$60 \times 5 = 300$

一分钟有60秒，半分钟是30秒。

把300和30相加。

可以借助数线来计算。

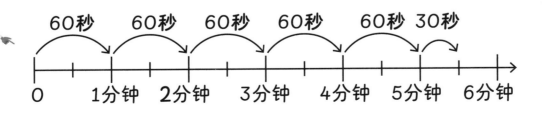

5分半钟有330秒。

16

1 填一填。

(1) 2分钟 = ☐ 秒

(2) ☐ 分钟 = 240 秒

(3) 5分钟 = ☐ 秒

(4) ☐ 分钟 = 180 秒

2 拉维读了一会书，花了12分40秒。他总共读了多少秒?

拉维总共读了 ☐ 秒。

3 连一连。

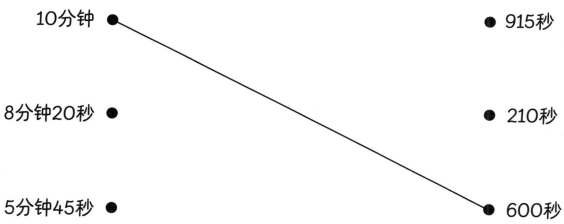

10分钟 ●   ● 915秒

8分钟20秒 ●   ● 210秒

5分钟45秒 ●   ● 600秒

$3\frac{1}{2}$ 分钟 ●   ● 500秒

15分钟15秒 ●   ● 345秒

小时到分钟的换算

鲁比在主题公园待了4小时45分钟。

她在主题公园待了多少分钟？

主题公园

1小时有60分钟，用4乘60来计算4小时有多少分钟。

然后将45分钟和240分钟相加。

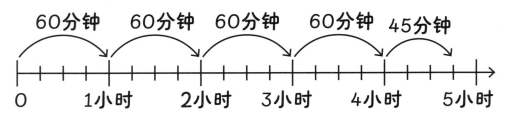

60分钟　60分钟　60分钟　60分钟　45分钟

0　1小时　2小时　3小时　4小时　5小时

鲁比在主题公园待了285分钟。

1 填一填。

(1) 3小时 = ☐ 分钟　　(2) ☐ 小时 = 300 分钟

(3) 7小时 = ☐ 分钟　　(4) ☐ 小时 = 660 分钟

2 上学时间为6小时30分钟。6小时30分钟有多少分钟?

6小时30分钟 = ☐ 分钟。

3 连一连。

9小时 ●　　　　　　　　　　　　● 732分钟

8小时45分钟 ●　　　　　　　　　　● 270分钟

$4\frac{1}{2}$ 小时 ●　　　　　　　　　　● 540分钟

7小时10分钟 ●　　　　　　　　　　● 525分钟

12小时12分钟 ●　　　　　　　　　● 430分钟

计算时间段

准 备

露露的妈妈制作烤鸡需要花90分钟。如果她从11:45开始烤，什么时候能做好？

举 例

13:00是下午1点。

13:15是下午1:15。

烤鸡会在13:15做好。

13:00是下午1点钟。

1 艾略特在10:45把蛋糕放进烤箱，45分钟后他把蛋糕拿了出来。艾略特几点把蛋糕拿出来了？

| | 分钟 | | 分钟 |

10:45　　　　11:00

艾略特 ☐ 把蛋糕拿出来了。

2 霍莉16:45上了火车。她18:00下了火车。
她坐火车用了多长时间？

霍莉坐火车用了 ☐ 小时 ☐ 分钟。

3 拉维和家长必须在18:30到达剧院。从家出发到剧院需要1小时25分钟，他们应该什么时候从家出发？

拉维和家人应该 ☐ 从家出发。

年和月的换算

准 备

今天是萨姆的8岁生日。他的弟弟6岁零6个月大。他们的年龄换算成月是多少？

举 例

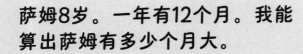
萨姆8岁。一年有12个月。我能算出萨姆有多少个月大。

1年 = 12个月
2年 = 24个月
4年 = 48个月
8年 = 96个月

24 + 24 = 48

48 + 48 = 96

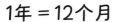
还可以直接做乘法。

萨姆96个月大。

萨姆的弟弟6岁6个月。首先计算出6年有多少个月。

然后加上6个月。

萨姆的弟弟78个月大。

1 填一填。

(1) 5年 = ☐ 个月

(2) ☐ 年 = 36个月

(3) 4年9个月 = ☐ 个月

(4) ☐ 年 = 120个月

2 你几个月大?

☐

我 ☐ 个月大。

3 汉娜比她表妹大18个月。汉娜的表妹88个月大。汉娜的年龄是几岁几个月?

☐

汉娜的年龄是 ☐ 岁 ☐ 个月。

金额的书写

准 备

霍莉钱包里有多少钱？

举 例

并非所有硬币都是一样的，它们的面值不同。

 1元相当于10枚1角的硬币。

可以把1角写为0.10元。

 =

1元相当于2枚5角的硬币。

 =

 5角相当于5枚1角的硬币，写为0.50元。

 =

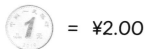 = ¥2.00

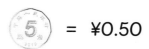 = ¥0.50

  = ¥0.30

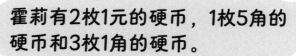

霍莉有2枚1元的硬币，1枚5角的硬币和3枚1角的硬币。

将¥2.00、¥0.50和¥0.30相加。
¥2.00 + ¥0.50 + ¥0.30 = ¥2.80

霍莉钱包里有2.80元。

练 习

写出所示的金额。

❶   ¥

❷   ¥

❸   ¥

❹   ¥

金额的估算

准备

汉娜有30元。她将以下三样物品的价格四舍五入成整数来估算总价格。汉娜有足够的钱买所有物品吗？

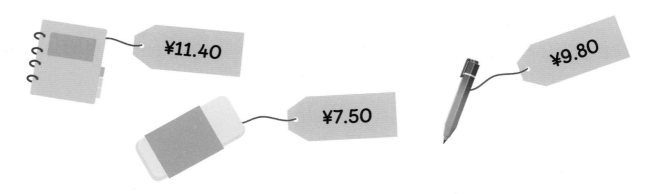

¥11.40 ¥7.50 ¥9.80

举例

可以把所有价格四舍五入到最接近的整数。

11元和12元相比，11.40元更接近11元。

10元和9元相比，9.80元更接近10元。

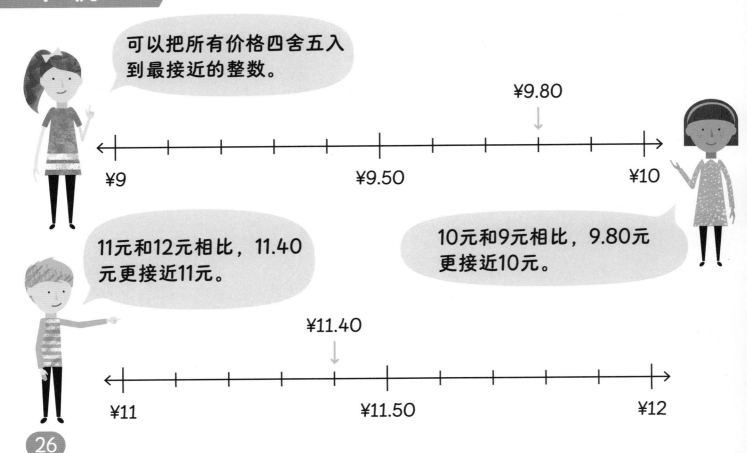

7.50元大约是8元。

7.50元恰好在7元和8元的中间。像这样半个数通常采用五入的原则。

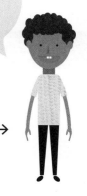

¥7.50

¥7　　　　　¥7.50　　　　　¥8

¥10 + ¥11 + ¥8 = ¥29

汉娜有足够的钱买所有物品。

练习

四舍五入估算这顿饭的总花销。

¥33.75 ≈ ¥ ☐

¥22.25 ≈ ¥ ☐

¥12.50 ≈ ¥ ☐

皮特意面馆

服务员：夏洛特
堂食
桌号：62

意式肉酱面	¥33.75
蒜蓉面包	¥22.25
冰激凌	¥12.50

总金额

这顿饭的总花销大约是 ☐ 元。

质量的测量

准备

厨师要为明天做比萨面团准备5.6千克面粉。

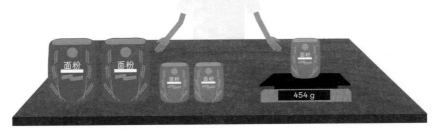

我有2袋质量为2.27千克的面粉，3袋质量为454克的面粉。

她有足够的面粉做面团吗？

举例

如果将所有的质量转换为克，就可以将这几袋面粉的质量全部加起来。

2.27千克等于2 270克。

1千克

| 1000克 |
| 1000克 |
| 270克 |

0.27千克

| 454克 |

0.454千克

将大袋面粉的质量相加。

做乘法算出小袋面粉的质量。

$$2\,270 + 2\,270 = 4\,540 \qquad 454 \times 3 = 1\,362$$

$$4\,540 + 1\,362 = 5\,902$$

做加法，算出所有面粉的总质量。

5.6千克等于5 600克。

厨师需要5 600克面粉。她有5 902克面粉。

她有足够的面粉来做第二天的比萨面团。

练 习

写出每件物品的质量，并将物品按质量从轻到重的顺序排序。

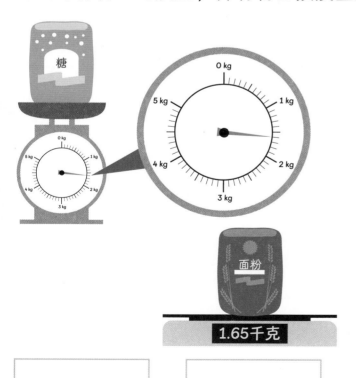

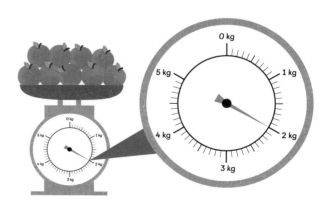

1千克95克

1.65千克

	,		,		,	

质量单位的换算

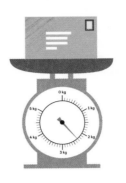

准 备

雅各布要同时邮寄两个包裹。如果一起邮寄，两个包裹的重量不能超过3.5千克。雅各布可以把两个包裹一起寄吗？

举 例

把2个包裹的质量相加。

把2.3千克换算成克。2.3千克等于2 300克。

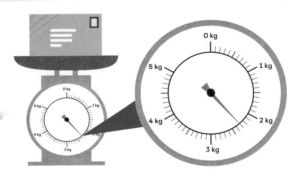

然后做加法。2 300 + 850 = 3 150

```
    2   3   0   0
+      ₁8   5   0
────────────────
    3   1   5   0
```

1000克=1千克,100克=0.1千克,
10克=0.01千克,1克=0.001千克

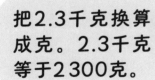

1千克

| 100克 | 100克 | 100克 | 100克 | 100克 | 100克 | 100克 | 100克 | 100克 | |

10×10克

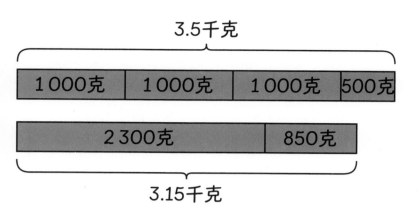

3.5千克

| 1 000克 | 1 000克 | 1 000克 | 500克 |

| 2 300克 | 850克 |

3.15千克

3 150克等于3.15千克。

3.15千克小于3.5千克。

雅各布可以把两个包裹一起寄。

练 习

1 填一填。

(1) 2千克 = ⬚ 克

(2) ⬚ 千克 = 2 250克

(3) 3.5千克 = ⬚ 克

(4) ⬚ 千克 = 4 050克

(5) 6千克60g = ⬚ 克

(6) ⬚ 千克 = 10 000克

2 圈出更轻的包裹。

2千克750克

2075克

3 把以下质量按从重到轻的顺序排序。

3千克300克   3.03千克   3 033克

⬚ , ⬚ , ⬚

容积的测量

准备

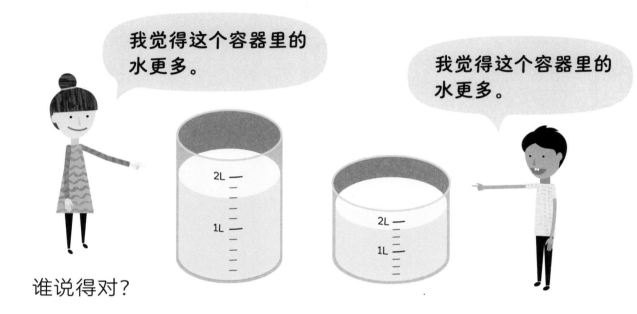

我觉得这个容器里的水更多。

我觉得这个容器里的水更多。

谁说得对？

举例

这些容器上有刻度，能告诉我们里面有多少液体。

这个容器上每升之间有5格。每格是0.2升。

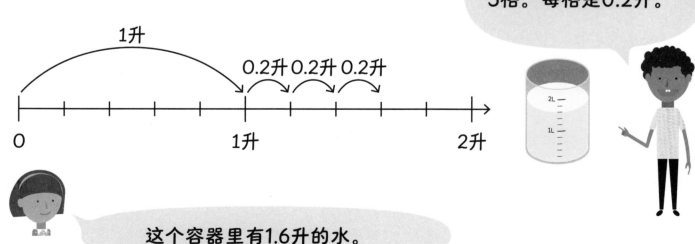

这个容器里有1.6升的水。

这个容器每升之间有4格。
每格是0.25升。

每格是$\frac{1}{4}$升。
$\frac{1}{4}$等于0.25。

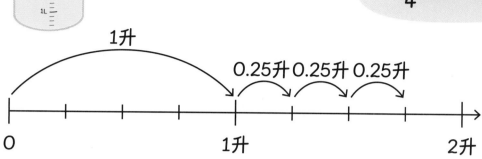

1升

0.25升 0.25升 0.25升

0   1升   2升

较矮的容器里有1.75升水。
1.75升 > 1.6升

拉维说得对。较矮的容器里有更多的水。

练 习

量杯里液体的体积是多少？

1

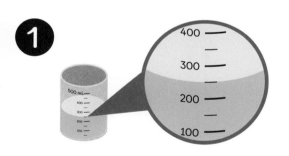

液体的体积是 ☐ 升

2

液体的体积是 ☐ 升

3

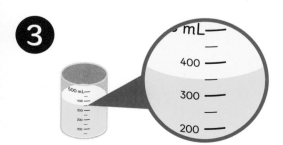

液体的体积是 ☐ 升

4

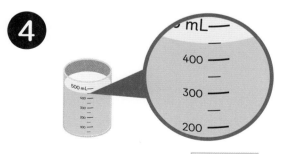

液体的体积是 ☐ 升

容积单位的换算

准备

哪瓶液体的体积最大？

橙汁 1.2L

奶昔 950 mL

洗发水 1l 136 mL

举例

1升 = 1000毫升

橙汁 1.2L

这些容器上有刻度，能告诉我们里面有多少液体。

1.2升 = 1升 + 0.2升
     = 1000毫升 + 200毫升
     = 1200毫升

1升

1

1000毫升

0.2升

0.1	0.1								

200毫升

1升136毫升 = 1 000毫升 + 136毫升
= 1 136毫升

950毫升

1 200毫升比1 136毫升和950毫升都大。

这瓶橙汁的液体体积最大。

练 习

1 填一填。

(1) 2升 = ☐ 毫升

(2) ☐ 升 = 1 500毫升

(3) 2.25升 = ☐ 毫升

(4) ☐ 升 = 300毫升

(5) 4升400毫升 = ☐ 毫升

(6) 7.07 升 = ☐ 毫升

2 把下列体积按从小到大排序。

5.05升　　　　　5500毫升　　　　　5升5毫升

☐ ，☐ ，☐

高度的测量

准 备

查尔斯多高？

举 例

查尔斯的身高超过1米，需要用卷尺测量他的身高。

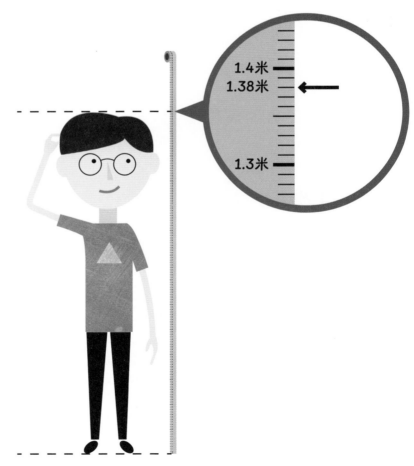

查尔斯的身高是1.38米。

1 写出每个小朋友的身高。

(1)
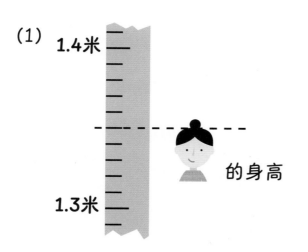

的身高

☐ 米

(2)

的身高

☐ 米

(3)
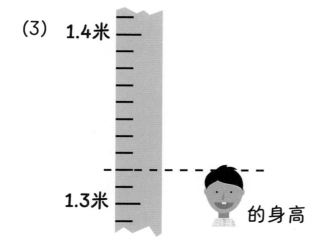

的身高

☐ 米

(4)

的身高

☐ 米

(5) 把身高按照从高到矮排序。

☐ 米, ☐ 米, ☐ 米, ☐ 米

长度的测量

准 备

测一测相框的边长。

举 例

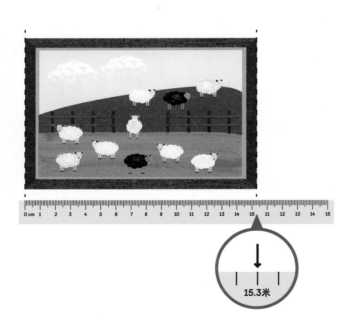

15.3米

10.2厘米

相框的边长分别为15.3厘米和10.2厘米。

可以用这些数据来求相框的周长吗？

用直尺测量下列图形的边长。

1

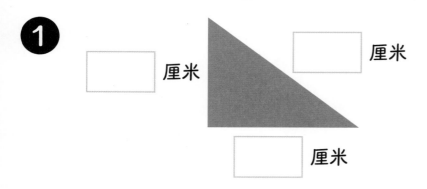

厘米　　厘米

厘米

2

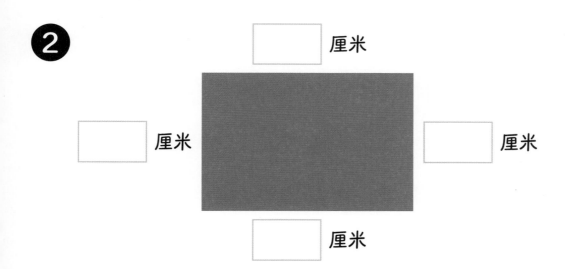

厘米

厘米　　厘米

厘米

3

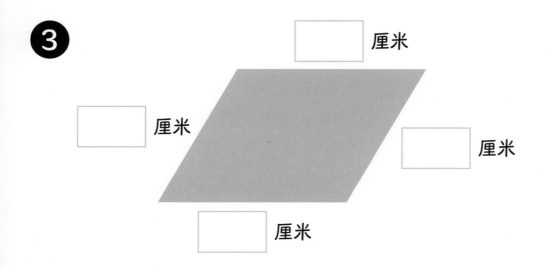

厘米

厘米　　厘米

厘米

千米和米的换算

准备

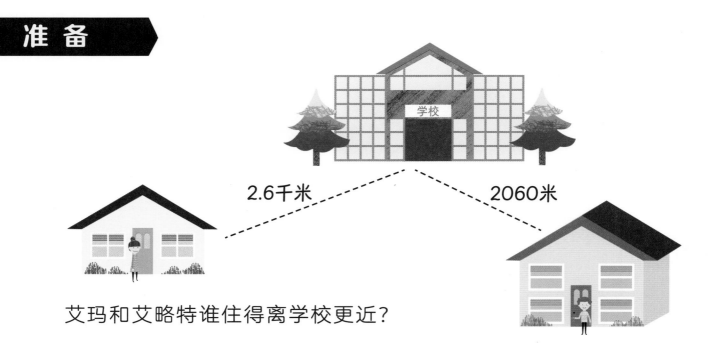

艾玛和艾略特谁住得离学校更近？

举例

将2.6千米换算成米。

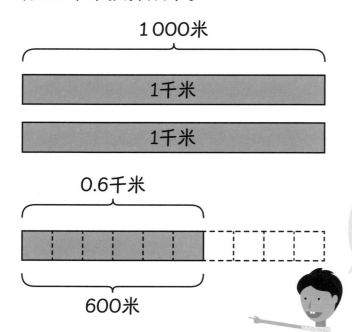

艾玛家距离学校2.6千米。2千米等于2000米。

0.6千米是1000米的十分之六，等于600米。

2.6千米等于2600米。

40

2600米

2.6千米

2.06千米

2060米

艾略特比艾玛住得离学校更近。

艾玛家距离学校2600米。

艾略特家距离学校2060米。

练 习

1 填一填。

(1) 5.2千米 = ☐ 米

(2) ☐ 千米 = 1250米

(3) 3千米750米 = ☐ 米

(4) 10.5千米 = ☐ 米

(5) 10.05千米 = ☐ 米

(6) ☐ 千米 = 10005米

2 雅各布周一走了3.5千米，周二走了2900米，他周三比周二多走了600米。雅各布三天总共走了多少千米？

雅各布三天总共走了 ☐ 千米。

3 把下列距离按从短到长排序。

3950米   3.9千米   3.899千米

☐ , ☐ , ☐

回顾与挑战

1 (1) 根据下表信息绘制折线统计图。

天	1	2	3	4	5	6	7	8	9	10
℃	15	15	17	19	11	10	13	17	16	12

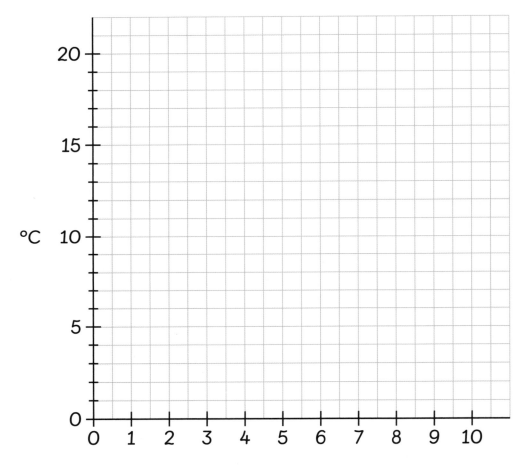

城市10天内的气温

(2) 第 [　　] 天气温最高，第 [　　] 天气温最低。

(3) 气温低于15℃的有几天？ [　　]

(4) 连续两天气温下降最多是多少度？ [　　] ℃

2

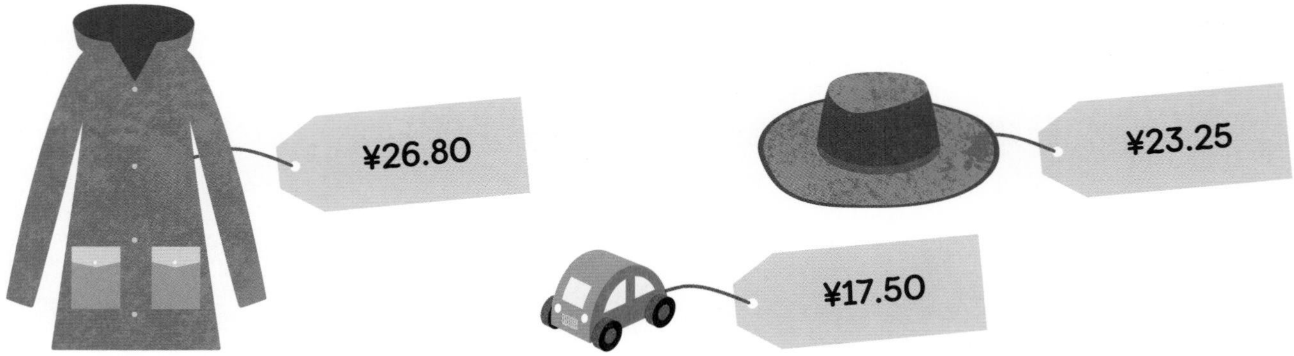
¥26.80
¥23.25
¥17.50

将每件物品的价格四舍五入，估算这三件物品的总价格。

(1) 最接近的整数价格是 ☐ 元。

(2) 四舍五入到10的整数倍，总价是 ☐ 元。

3 萨姆打算邮寄三个包裹。第一个包裹的质量如图所示，第二个包裹比第一个包裹重500克，第三个包裹比第一个包裹轻0.25千克。

这三个包裹的总质量是多少？

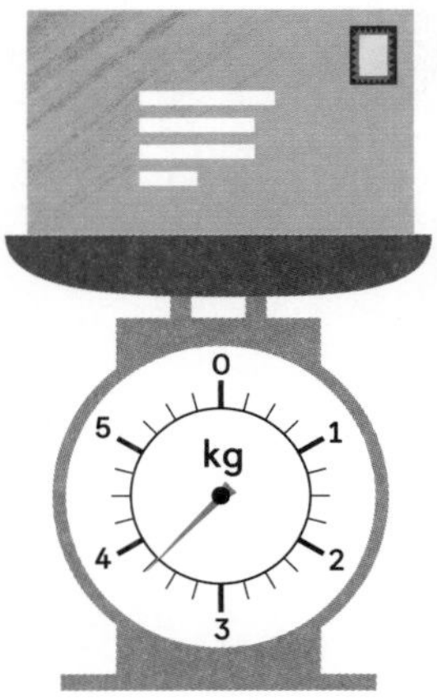
0
1
2
3
4
5
kg

这三个包裹的总质量是 ☐ 千克。

4 (1) 鲁比花了35分钟阅读，然后花了 $\frac{3}{4}$ 个小时踢足球。如果她下午4:00 开始读书，那么她什么时候踢完足球？

鲁比 ⬚ 踢完足球。

(2) 鲁比晚上9:15睡觉，早上7:30起床。她睡了多久？

鲁比睡了 ⬚ 小时 ⬚ 分钟。

5 从曼彻斯特开往伦敦的火车13:30驶出站台。这段行程时长本来是125分钟，但到伯明翰的时候耽误了35分钟。火车什么时间到达伦敦？

火车 ⬚ 到达伦敦。

6 露露有一罐2.5升的橙汁。

(1) 这些橙汁能装满多少个300毫升的杯子？

这些橙汁能装满 ⬚ 个300毫升的杯子。

(2) 还余下多少橙汁？

还余下 [　] 毫升橙汁。

7 写出量杯里水的体积。

(1)

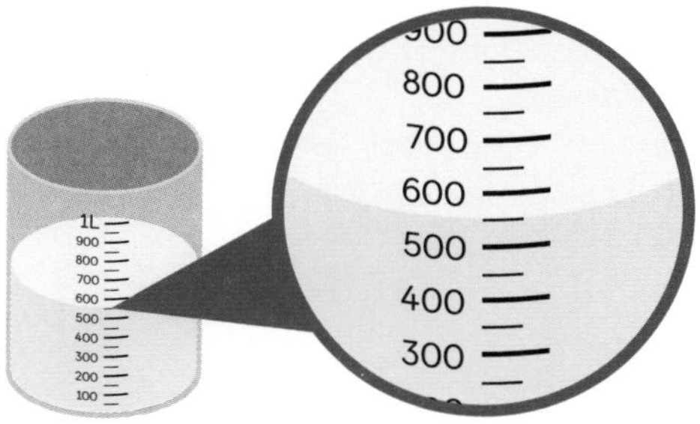

水的体积是 [　] 升

(2)

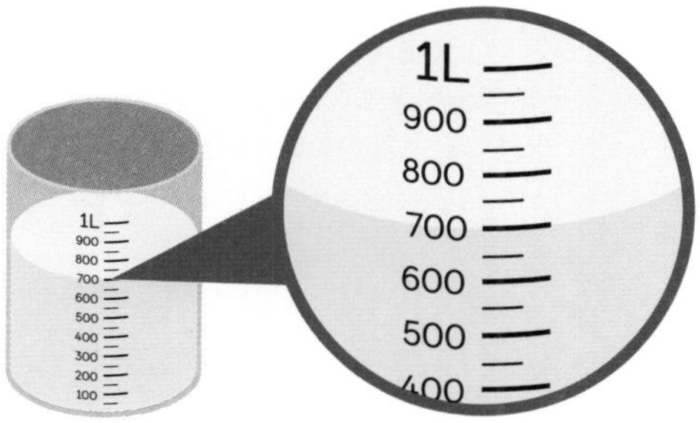

水的体积是 [　] 升

(3)

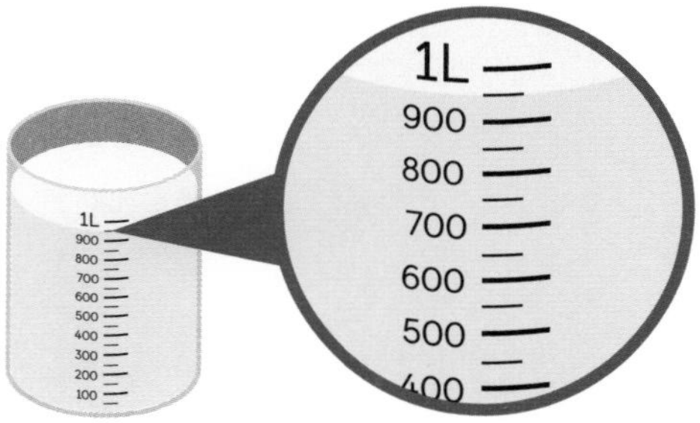

水的体积是 [　] 升

(4)

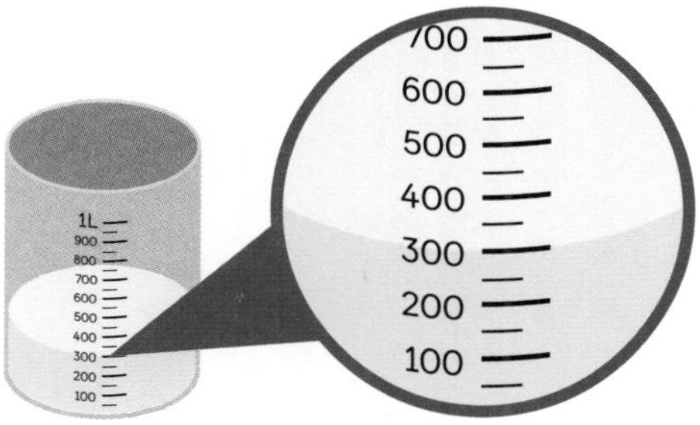

水的体积是 [　] 升

8 画一个边长为4.8厘米的正方形。

参考答案

第 5 页　　1 橙子　薄荷巧克力碎　草莓　巧克力　香草　2 (1) 选择巧克力冰激凌的学生比选择草莓冰激凌的学生多3个。(2) 选择橙子冰激凌的学生比选择草莓冰激凌的学生少2个。

第 7 页　　1

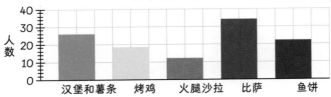

四年级学生最喜欢的宠物

对于这些小朋友来说，比萨是最受欢迎的食物，火腿沙拉是最不受欢迎的食物。

第 9 页　　1 十月　2 七月　3 3　4 2厘米　5 2厘米　6 在这7个月中，九月和十一月的降水量均为6厘米。

第 12 页　　1

(1) 八月是价格最高的月份。

(2) 从七月到八月价格涨幅最大。

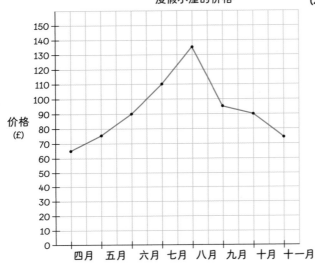

度假小屋的价格

第 13 页　　(3) 最低价格和最高价格之间相差70英镑。　(4) 价格相差最大的是八月和九月。

2

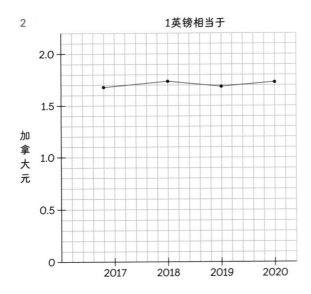

1英镑相当于

第 15 页

12小时制钟表	24小时制钟表
下午1:00	13:00
下午2:30	14:30
下午3:15	15:15
下午6:45	18:45
上午5:20	05:20
中午12:00	12:00
下午11:30	23:30
午夜12:00	00:00

2 **(1)** B次列车 **(2)** 1小时2分钟

第 17 页 1 **(1)** 2分钟 = 120秒 **(2)** 4分钟 = 240秒 **(3)** 5分钟 = 300秒 **(4)** 3分钟 = 180秒 2 拉维总共读了760秒。

3

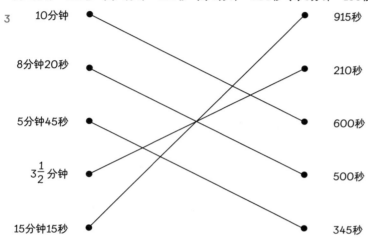

第 19 页 1 **(1)** 3时 = 180分钟 **(2)** 5时 = 300分钟 **(3)** 7时 = 420分钟 **(4)** 11时 = 660分钟 2 6时30分钟 = 390分钟

3

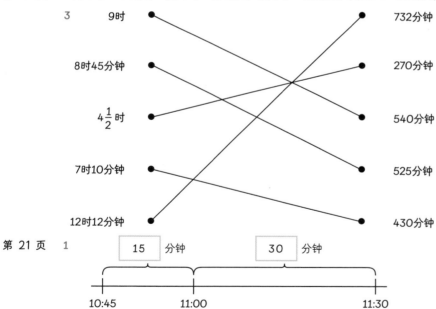

第 21 页 1

	15	分钟		30	分钟

10:45   11:00   11:30

艾略特11:30把蛋糕拿出来了。　2 霍莉坐火车用了1小时15分钟。　3 拉维和家人应该17:05从家出发。

第 23 页 1 **(1)** 5年 = 60个月 **(2)** 3年 = 36个月 **(3)** 4年9个月 = 57个月 **(4)** 10年 = 120个月　2 答案不唯一。3 汉娜的年龄是8岁10个月。

第 25 页 1 ¥1.80 2 ¥4.20 3 ¥3.90 4 ¥2.4

第 27 页 1 ¥33.75 ≈ ¥34, ¥22.25 ≈ ¥22, ¥12.50 ≈ ¥13。这顿饭的总花销大约是69元。

第 29 页 1 糖 面粉 梨 苹果

第 31 页 **1** (1) 2千克 = 2 000克 (2) 2.25千克 = 2 250克 (3) 3.5千克 = 3 500克 (4) 4.05千克 = 4 050克 (5) 6千克60克 = 6 060克
(6) 10千克 = 10 000克

2  **3** 3千克300克, 3 033克, 3.03千克

第 33 页 **1** 0.25升 **2** 0.4升 **3** 0.35升 **4** 0.45升
第 35 页 **1** (1) 2升 = 2 000毫升 (2) 1.5升 = 1 500毫升 (3) 2.25升 = 2 250毫升 (4) 0.3升 = 300毫升 (5) 4升400毫升 = 4 400毫升
(6) 7.07升 = 7 070毫升
2 5升5毫升, 5.05升, 5 500毫升
第 37 页 **1** (1) 1.35米 (2) 1.25米 (3) 1.32米 (4) 1.29米 (5) 1.35米, 1.32米, 1.29米, 1.25米
第 39 页 **1**　　　　　　　　　　**2**　　　　　　　　　　**3**

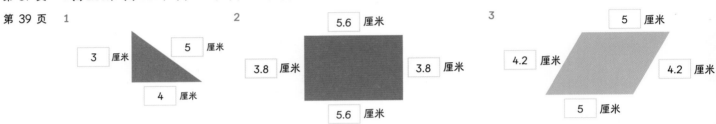

第 41 页 **1** (1) 5.2千米 = 5 200米 (2) 1.25千米 = 1 250米 (3) 3千米750米 = 3 750米 (4) 10.5千米 = 10 500米 (5) 10.05千米 = 10 050米
(6) 10.005千米 = 10 005米 **2** 雅各布三天总共走了9.9千米。 **3** 3.899千米, 3.9千米, 3 950米
第 42 页 **1** (1)

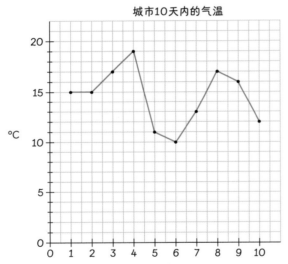

城市10天内的气温

(2) 第4天气温最高, 第6天气温最低。 (3) 4 (4) 8℃
第 43 页 **2** (1) ¥68 (2) ¥70 **3** 这三个包裹的总质量是11.5千克。
第 44 页 **4** (1) 鲁比下午5:20踢完足球。 (2) 鲁比睡了10小时15分钟。 **5** 火车16:10到达伦敦。
6 (1) 这些橙汁能装满8个300毫升的杯子。
第 45 页 (2) 还余下100毫升橙汁。 **7** (1) 0.55升 (2) 0.7升 (3) 0.95升 (4) 0.3升
8